从小爱科学——物理真奇妙（全6册）

糨来糨去

［韩］蓝 心 著

［韩］洪成志 绘

千太阳 译

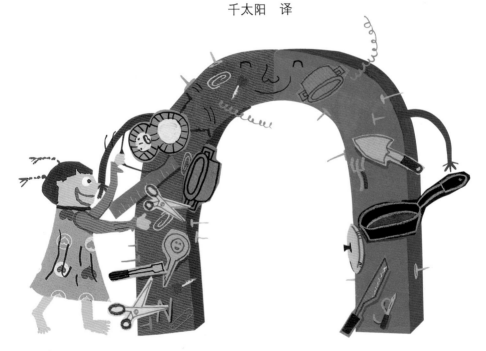

石油工业出版社

"艺书，这是给你的礼物。"

下班回来的爸爸递给艺书一个四四方方的盒子。

"哇哦，这是什么？"

"这是给我们家艺书做功课用的。想不想知道里面是什么？"

"嗯，好想快点拆开看看！"

艺书的眼中透着浓浓的好奇。

"磁铁"指的是带有吸引铁的性质的物体.

爸爸从盒子里拿出了一块大大的白板，还有很多五颜六色的字母和数字。

"这些字母和数字可以粘在白板上。因为它们的后面都粘着磁铁。"

"哇，好神奇啊！"

艺书和爸爸把字母和数字贴在白板上玩儿了一个晚上。

"艺书，该睡觉了。"

艺书很想继续玩儿，但还是忍住了。她整理好磁铁玩具，回到了房间里。

躺在床上，艺书满脑子都是有关磁铁的想法。

"磁铁为什么那么容易就粘上去呢？简直太神奇了。"

"哈哈，我真的很神奇吗？"

这时，一块磁铁从玩具箱子里跳了出来。

"你是谁呀？"

"我就是让你感到好奇的磁铁呀。我的名字叫啪啪。
来，快跟我走！"

磁铁啪啪拉着艺书的手，从窗户飞了出去。

在漆黑的夜空中飞了一段时间后，艺书和磁铁啪啪双双落在一个宽敞的游乐场里。

"这里是磁铁王国。在这里生活的都是我的小伙伴。"

啪啪指着那些正在游乐场里玩耍的小伙伴们说道。

"你的朋友们单杠玩得好厉害啊！真羡慕他们！"

"这是因为我们磁铁可以牢牢地粘在单杠上。"

"什么？粘在单杠上？哇，你们太了不起了！居然能够粘在任何东西上！"

艺书感慨道。

"你错了，磁铁只能粘在铁制品上。你看着我！"

啪啪突然飞到单杠上"啪"的一声粘住了。

紧接着，它又飞过去"啪"地粘在秋千的铁链上。

然后，它从秋千上直接跳到了木质长椅上。

不过，这次它却"嘭"的一声弹到了地面上。

"看到了吧？我们只能粘在铁制品上。"

"还真的是这样。"

　　用铁制作的物品及铁屑、铁片等物质统称为"铁制品"。磁铁会粘在铁制品上，但不会粘在玻璃、木头、塑料等物品上。

我是铁制的尺子.

我也是铁制品

艺书和啪啪离开游乐场，来到了安静的草坪上。

"我给你介绍一下磁铁王国中力气最大的磁铁。"

艺书刚抬起头就看到曲别针、剪刀等东西正朝着一个长得像马蹄的磁铁飞去。

"蹄形磁铁叔叔每天都会炫耀自己的力气。"

啪啪小声地对艺书说。

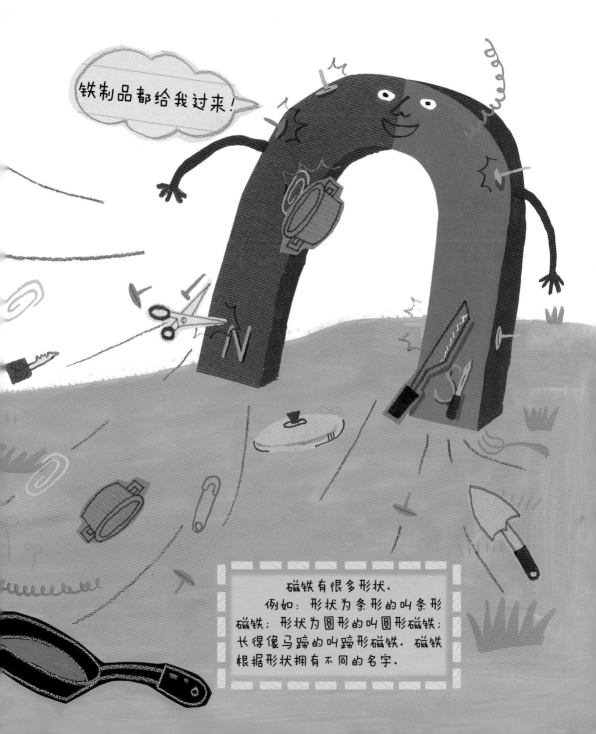

铁制品都给我过来！

磁铁有很多形状。
例如：形状为条形的叫条形磁铁；形状为圆形的叫圆形磁铁；长得像马蹄的叫蹄形磁铁。磁铁根据形状拥有不同的名字。

"啊，啊，啊……"

这时，啪啪突然飞了起来，一下子就粘在蹄形磁铁叔叔的身上。

啪啪吊在蹄形磁铁叔叔的身上，挠了挠头，说：

"艺书，快把我从上面摘下来。"

艺书赶紧跑过去，把啪啪从蹄形磁铁叔叔身上摘了下来。

　　"呼，总算得救了。差点忘了，我们磁铁之间也会相互吸引。现在让我仔细地告诉你磁铁的性质吧。"

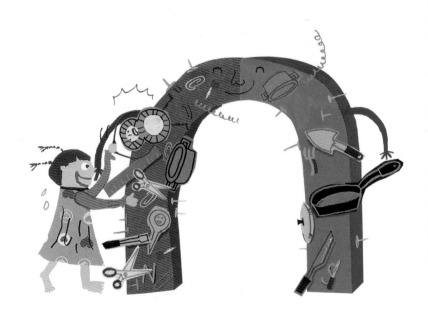

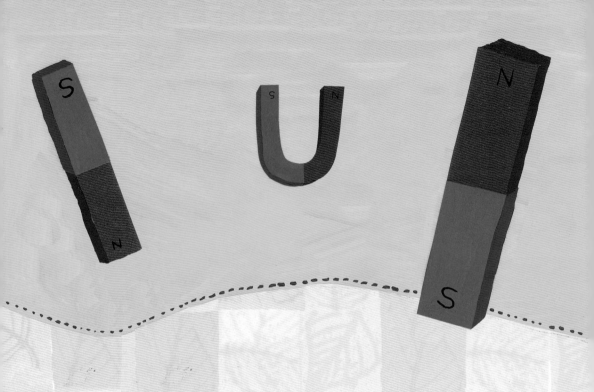

"好，快告诉我，我很好奇。"

艺书连忙竖起了耳朵。

"磁铁可以分为两个部分：一边为 N 极，另一边为 S 极。"

啪啪继续解释道：

"磁铁的不同的极会相互吸引，但相同的极则会相互排斥，所以 N 极和 S 极会相吸，但 N 极和 N 极、S 极和 S 极则会相斥。"

磁铁相互吸引和相互排斥的性质让艺书感到很神奇。

磁铁相同的极会相斥，不同的极会相
吸的力，我们称它为"磁力"。

"我再给你看一样神奇的东西。"

啪啪突然将摆在自己面前的条形磁铁掰成了两半。

"你说这两块磁铁会不会粘在一起？"

"既然是两种不同的极，那肯定会粘在一起的。"

艺书理所当然地回答说。

"哈哈，你只答对了一半。虽然会粘在一起，但若是将其中的一块磁铁反转过来，那这两块磁铁就会相互排斥。"

"咦？还真是这样。"

看到艺书吃惊的样子，啪啪笑着说：

"哈哈哈，磁铁即使被分成两半，也还是会产生两种磁极的。"

　　艺书一脸惊讶地大声问道：

　　"那磁铁不是越分越多吗？"

　　"那是自然。不过，磁铁每被分割一次，它们的力量就会减弱一分。"

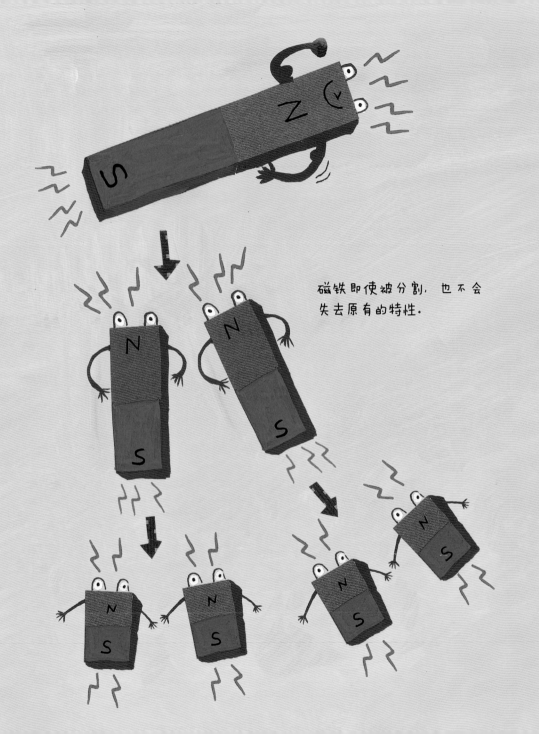

磁铁即使被分割，也不会
失去原有的特性。

啪啪带着艺书来到书桌前，书桌上摆着一个装有水和磁铁的玻璃杯。

　　"接下来，我会用手中的这根磁铁吸出水中的那根磁铁。"

　　"真的可以吗？"

　　随着啪啪将手中的磁铁放入水中再拿出，水中的磁铁立刻就被粘了出来。

　　"哇哦，即使在水中，磁铁的力量也依然存在。"

　　艺书若有所思地点了点头。

磁铁的性质可以穿透水、纸或玻璃。
例如将磁铁贴到玻璃杯外，玻璃杯中的铁制品或磁铁就会被吸过来。

"啊，快要天亮了！我们赶快回家吧。"

啪啪说。

"什么？我还想多玩一会儿呢……"

"你的周围不也有很多磁铁朋友吗？"

"嘿嘿，那我得快点回家跟我的磁铁朋友们一起玩。"

啪啪和艺书连忙窜上天空，向家中飞去。

我们的周围都有什么东西是用磁铁制作的

磁铁是一种我们在现实生活中常见的物品。

那么，我们的周围都有什么东西是用磁铁制作而成的呢？

幼儿园的老师在给孩子们上课的时候会将一些数字、字母贴到白板上。

就像艺书的磁铁玩具一样，老师用的字母后面也粘着一块磁铁，加上白板里装有铁板，所以带有磁铁的字母才会粘在上面。

还有一种磁铁钓鱼竿可以钓上别着曲别针的纸鱼。

除此之外，一些钱包或书包的扣子上也装有磁铁。

冰箱门的边缘处也装有磁铁，因此开关门的时候才会"啪嗒"一声被粘住。

怎么样？是不是觉得磁铁很有用？

另外，你也可以找找看看自己周围有那些物品是用磁铁制作而成的。

▼磁铁鱼竿

地球也是一个巨大的磁铁

当人们在山林或大海中迷失方向的时候，往往会拿出指南针，然后根据指针所指的方向，确定哪里是北方。

指南针的指针为什么始终都会指向北方呢？

这个秘密其实跟地球有着很大的关系。

事实上，我们所生活的地球本身就是一个巨大的磁铁。地球的北极方向是 S 极；而地球的南极方向是 N 极。另外，指南针的指针也是磁铁，而且带有颜色的那一端所指的方向就是 N 极。

想必你也知道磁铁相同的极之间相斥，不同的极之间相吸的特性吧？

正因如此，所以指南针指针的 S 极才会始终指向地球的北方，而我们无论处在什么地方，也都能根据指南针上的指针确定正确的方向。

▲指南针

1 带有吸铁性质的物体叫什么？

2 艺书和数字磁铁啪啪来到了游乐场。在下面的物品中，找出磁铁不会粘上去的东西。

① ② ③ ④

3 如果按照图片中情形，将下面两块磁铁靠在一起会怎么样？

4 我们的周围有冰箱门、磁铁铅笔盒等许多利用磁铁制造的物品。说说如果换做是你，会用磁铁制造什么物品？

答案 1. 磁铁 2. ② 3. 相互排斥 4. 例）为了防止儿童丢失而给儿童装搭设装有小小磁铁的衣服，制作带有燃烧的纸片才名摆放的砂子花瓶。